Ernst Probst

Die ersten Pfahlbauten in der Schweiz

Die Anfänge der Pfahlbauforschung
und die Egolzwiler Kultur

Widmung

*Den Prähistorikern
Dr. Albert Hafner in Bern,
Dr. Jürg Rageth in Haldenstein,
Professor Dr. Elisabeth Schmid (1912–1994) in Basel und
Dr. René Wyss in Zürich gewidmet,
die mich bei meinen Büchern über die Steinzeit und Bronzezeit
unterstützt haben*

Impressum
Die ersten Pfahlbauten in der Schweiz
1. Auflage als Printbuch: Januar 2021
Autor: Ernst Probst
Im See 11, 55246 Mainz-Kostheim
Telefon: 06134/21152
E-Mail: ernst.probst (at) gmx.de
Herstellung: Amazon Distribution GmbH, Leipzig
Alle Rechte vorbehalten
ISBN: 979-8-592-13745-7

Vorwort

Die ersten Pfahlbauten in der Schweiz sind das Thema des gleichnamigen Taschenbuches. Darin geht es um die Anfänge der Pfahlbauforschung und um die Egolzwiler Kultur (etwa 4.500 bis 4.000 v. Chr.). Von den Egolzwiler Leuten sind die ersten Seeufersiedlungen in den Kantonen Bern, Solothurn, Luzern und Zürich errichtet worden. Ihnen gebührt auch die Ehre, in ihrem Verbreitungsgebiet als erste die für den Beginn der Jungsteinzeit kennzeichnenden Neuerungen Ackerbau, Viehzucht und Töpferei eingeführt zu haben. Der Begriff Egolzwiler Kultur wurde 1951 durch den Zürcher Prähistoriker Emil Vogt geprägt. Er beruht auf der jungsteinzeitlichen Seeufersiedlung Egolzwil 3 am ehemaligen Wauwiler See im Kanton Luzern. Trotz vieler Funde ist über die Egolzwiler Kultur noch lange nicht alles bekannt.

4

*Überholte Darstellung eines 1854 am Zürichsee
entdeckten Pfahlbaues auf einer Plattform aus einem Buch
des Zürcher Prähistorikers Ferdinand Keller (1800–1881).*

Inhalt

Vorwort / Seite 3

Die Anfänge der Pfahlbauforschung / Seite 7

Die Egolzwiler Kultur / Seite 27

Anmerkungen / Seite 47

Literatur / Seite 51

Der Autor / Seite 57

Bücher von Ernst Probst / Seite 58

*Darstellung eines Pfahlbaues in der Schweiz
in dem Artikel „Early Colonist of the Swiss Lakes"
des Arztes und Naturforschers François-Alphonse Forel (1841–1912)*

Die Anfänge der Pfahlbauforschung

Eines der schillerndsten Kapitel in der Geschichte der Archäologie Mitteleuropas ist das der Entdeckung und Erforschung der sogenannten „Pfahlbauten"[1]. Unter diesem Begriff versteht man Häuser und Dörfer, von denen man annahm, dass sie auf Pfählen in einem See errichtet wurden, wobei ihre Böden deutlich vom Wasser abgehoben waren. Heute weiß man, dass die früher als „Pfahlbauten" bezeichneten Dörfer meist ebenerdige Seeufersiedlungen gewesen sind, deren Reste später durch Ansteigen des Seespiegels überflutet wurden. Echte Pfahlbausiedlungen mit abgehobenen Böden an überschwemmungsgefährdeten Seeufern waren relativ selten.
In der Schweiz sind die ersten Seeufersiedlungen am ehemaligen Wauwiler See (Kanton Luzern) und am Zürichsee (Kanton Zürich) bereits in der Jungsteinzeit von Bauern der Egolzwiler Kultur ab etwa 4.500 v. Chr. errichtet worden. Später gründeten andere jungsteinzeitliche Kulturen ebenfalls Seeufersiedlungen. Dazu gehörten außer der Egolzwiler Kultur (etwa 4.500 bis 4.000 Chr.) die Cortaillod-Kultur (etwa 4.000 bis 3.500 v. Chr.), die Pfyner Kultur (etwa 4.000 bis 3.500 v. Chr.), die Horgener Kultur (etwa 3.500 bis 2.800 v. Chr.), die Saône-Rhone-Kultur (etwa 2.800 bis 2.400 v. Chr.), die Schnurkeramischen Kulturen (etwa 2.800 bis 2.400 v. Chr.) und die Glockenbecher-Kultur (etwa 2.500 bis 2.200 v. Chr.).
Seeufersiedlungen gab es auch während der ganzen Bronzezeit von etwa 2.300 bis 750 v. Chr. in der Schweiz. Diese Siedlungsform musste erst zu Beginn der Vorrömischen Eisenzeit in der Hallstattzeit um 750 v. Chr. aufgegeben werden, als eine

*Dekan Johannes Stumpf (1500–1577) aus Stein am Rhein.
Radierung von Conrad Meyer (1618–1689) aus dem Jahr 1662
nach einer Vorlage eines Gemäldes von Hans Asper (1499–1571)*

Klimaverschlechterung den Wasserspiegel der Schweizer Seen ansteigen ließ. Demnach hat es in der Schweiz mehr als dreieinhalb Jahrtausende lang auf den Uferstreifen von Seen immer wieder Bauerndörfer gegeben. Ähnlich war es in Süddeutschland, Österreich, Oberitalien und Ostfrankreich. Bei der Erforschung der Seeufersiedlungen und Pfahlbaudörfer haben Schweizer Laienforscher und Wissenschaftler wertvolle Pionierarbeit geleistet. Sie entdeckten die ersten solcher Siedlungen, untersuchten sie, bargen Funde und regten durch ihre Veröffentlichungen, welche die damalige Fachwelt aufhorchen ließen, Interessierte in anderen Ländern Europas zur Nachahmung an.

Die bei Niedrigwasserständen sichtbaren Pfahlreste der einst an Seen gelegenen Siedlungen sind bereits den Menschen aus dem Mittelalter aufgefallen. Einen diesbezüglichen Hinweis findet rnan in einem 1472 geschlossenen Grenzvertrag zwischen dem Fürstbistum Basel und der Stadt Bern. Darin hat man Überreste eines „Pfahlbaues" im Bieler See (Kanton Bern) unter der Bezeichnung „in den Pfählen" als altbekannte Stelle zum Grenzpunkt ausgewählt. Sichtbar gemacht wurde dieser Grenzpunkt durch die sogenannte „Eherne Hand"[2], die man auf einem Pfahlrost im See aufstellte. Der Rücken der Hand war der Berner Seite zugekehrt und weist das Berner Wappen auf. Die Hand zeigt die ausgestreckten Schwurfinger.

1548 kamen Pfahlreste aus Arbon (Kanton Thurgau) und Rorschach (Kanton Sankt Gallen) in der Schweizer Chronik des Dekans Johannes Stumpf (1500–1577) aus Stein am Rhein zu literarischen Ehren. Darin wurde erwähnt, dass im Bodensee starke und breite Pfähle von Gebäuden auf dem Seegrund zu erkennen seien. Der Bürgermeister von Sankt Gallen, Joachim Vadian[3] (1484–1551), deutete sie richtig als Überreste alter Siedlungen.

*Bürgermeister Joachim Vadian (1484–1551) von St. Gallen.
Kupferstich von Theodor de Bry (1528–1598)*

1768 erwähnte der Stadtschreiber von Nidau, Abraham Pagan (1729–1783), in einer historischen Beschreibung der Vogtei Nidau und des Tessenberges Pfähle aus dem Bieler See, die nach seiner Auffassung von einem Gebäude oder – was er für wahrscheinlicher hielt – von einer Fischfangkonstruktion stammen sollten. Auch in der Folgezeit stieß man immer wieder in Schweizer Seen auf Pfähle.

Die bis Anfang des 19. Jahrhunderts in den Schweizer Seen entdeckten Pfähle wurden durch den Archäologen Franz Ludwig Haller (1755–1838) aus Königsfelden und den Pfarrer Charles Morel (1772–1848) aus Corgemont als Hinterlassenschaften römischer Bauten gedeutet. Ende der zwanziger Jahre des 19. Jahrhunderts sah der Schriftsteller und Historiker Sigmund von Wagner (1759–1835) aus Bern in einem „Pfahlbau" im Bieler See das Fundament der keltisch-römischen Stadt Noidenolex.

Als der erste Entdecker von „Pfahlbauten" im Bieler See gilt der einstige Inselschaffner Wilhelm Irlet-Engel (1802–1857) aus Twann. Er informierte 1846 den Notar Emanuel Müller (1800–1858) in Nidau und den Oberst Friedrich Schwab (1803–1869) in Biel darüber, dass sich in der Bucht von Mörigeneggen eine erhöhte Stelle befinde, an der man Bruchstücke von Tongefäßen bergen könne. Daraufhin stellte Müller Nachforschungen an, sammelte die von Fischern geborgenen Gegenstände und legte eine erste Sammlung von „Pfahlbaufunden" an.

Müller wird als der erste bedeutende Pfahlbauforscher am Bieler See betrachtet. Er informierte 1849 den Präsidenten der Antiquarischen Gesellschaft in Zürich, Ferdinand Keller (1800–1881), über seine Funde und machte diese auch den Archäologen Albert Jahn (1811–1900) aus Bern sowie Frédéric Louis Troyon (1815–1866) aus Lausanne bekannt.

*Pfahlbauforscher Notar Emanuel Müller (1800–1858) aus Nidau.
Porträt vor 1858*

*Pfahlbauforscher Oberst Friedrich Schwab (1803–1869) aus Biel..
Aufnahme eines unbekannten Fotografen vor 1869*

*Ferdinand Keller (1800–1881),
Präsident der Antiquarischen Gesellschaft in Zürich.
Foto: (via Wikimedia Commons),
Lizenz: gemeinfrei (Public domain)*

1852 erhielt der Notar Müller von einem Fischer einige Tonscherben aus dem „Pfahlbau" von Nidau im Bieler See, der bis dahin als vermeintliches römisches Kastell galt und nicht erforscht worden war. Da die Keramikreste denen von Mörigen im Bieler See ähnelten, beuteten Müller und Schwab diese Fundstelle aus.
Besonders erfolgreich verlief die Suche nach Pfahlbauresten im Winter 1853/54. Damals war es im Gebiet der Schweizer Alpen so trocken, dass der Wasserspiegel in den Seen stark sank. Nun waren viele ehemalige Seeufersiedlungen sichtbar und leicht zugänglich. Auch im Zürichsee fiel der Seeboden im milden Winter 1853/54 in den Randbereichen trocken. Dadurch witterten Besitzer von Grundstücken am Seeufer die Chance, neues Land gewinnen zu können. Sie errichteten in den neu entstandenen Trockengebieten rasch Dämme, damit das eventuell wieder ansteigende Wasser den Zuwachs an Grund nicht zunichte machen konnte. Der neue Boden wurde zudem bis zur Uferhöhe mit Seeablagerungen (Letten) aufgefüllt. Bei deren Entnahme entdeckte man am Zürichsee zwischen Obermeilen und Dollikon Siedlungsspuren, zwischen denen Pfähle erkennbar waren. Von diesen Funden hörte im Frühjahr 1854 auch der Lehrer Johannes Aeppli (1815–1886) aus Obermeilen. Er sah sich die Funde an und schickte Proben davon an die Antiquarische Gesellschaft in Zürich, deren Präsident – wie erwähnt – Ferdinand Keller war. Letzterer entschloss sich noch 1854 zu Grabungen. Damit begann die eigentliche wissenschaftliche Erforschung der „Pfahlbauten", über die Keller fortlaufend in seinen Pfahlbauberichten[4] informierte.
Ebenfalls 1854 besuchte Keller den Bieler See, von dessen Funden er durch den Notar Müller erfahren hatte. Müller kannte damals bereits sechs „Pfahlbauten" im Bieler See.

*Geologe Edouard Désor (1811–1882) aus Neuenburg.
Foto: Bibliothéque publique et universitaire, Neuchâtel*

Ferdinand Keller nahm 1854 an, dass die „Pfahlbauten" auf einer gemeinsamen Plattform in Seen errichtet worden seien. Seine Ansicht gründete offenbar auf Reisebeschreibungen anderer Autoren. So erwähnten der französische Forscher Jules Dumont d'Urville (1780–184 2) und der britische Weltumsegler James Cook (1728–1779) große pfahlgetragene Häuser im Wasser aus dem Westen Neuguineas bzw. von Neuseeland.
1856 glückte in Süddeutschland die erste Entdeckung eines „Pfahlbaues". Der Bauer und Ratsschreiber Kaspar Löhle (1799–1878) aus Wangen stieß im Bodensee bei Wangen auf Siedlungsspuren und begann sofort mit deren Bergung.
Ab Ende der fünfziger Jahre des 19. Jahrhunderts beteiligte sich der Geologe Victor Gilliéron (1826–1890) aus Neuenburg an der Erforschung der „Pfahlbauten". Er untersuchte Siedlungsspuren im Bieler See in Schaffis, auf der Kanincheninsel und beim alten Zihlschloss in der alten Thiele.
Der Geologe Edouard Désor (1811–1882) aus Neuenburg ließ zu jener Zeit durch Fischer aus Lattrigen Funde aus dem Bieler See sammeln. Es folgten die Entdeckungen der „Pfahlbauten" bei Lüscherz, Lattrigen, Hagneck, Landeron und Sulz im Bieler See.
Oberst Schwab, der schon 1856 die Pfahlbausammlung von Notar Müller aus Nidau übernommen hatte, schickte seine Vertrauensleute auch zum Murtensee und Neuenburger See und untersuchte selbst den Sempacher See und den Baldegger See. 1864 begann in Österreich die Erforschung der „Pfahlbauten". Damals wurde im Keutschacher See in Kärnten der erste „Pfahlbau" untersucht.
1866 kannte man in der Schweiz bereits etwa 200 „Pfahlbauten", von denen die meisten nach heutiger Kenntnis in Wirklichkeit Seeufersiedlungen gewesen sind. Davon lagen am Neuenburger See 51, am Genfer See 27, am Bieler See 20, am

*Geologe Edmund von Fellenberg (1830–1902) aus Bern.
Aufnahme eines unbekannten Fotografen vor 1902*

Murner See 18 und am Zürichsee 10 Stationen. Weitere Siedlungen hatte man am Bodensee, Sempacher See, Greifensee, Zuger See und Pfäffiker See aufgespürt. Sie stammen teilweise aus der Jungsteinzeit und teilweise aus der Bronzezeit.
Damit war die Erforschung der „Pfahlbauten" in der Schweiz aber noch lange nicht beendet. 1869 untersuchte der Geologe Edmund von Fellenberg (1830–1902) aus Bern den „Pfahlbau" Lüscherz im Bieler See. Dieser verdiente Forscher war der Begründer und erste Leiter des Historischen Museums von Bern.
1869 erhielt die Stadt Biel nach dem Tod von Oberst Schwab dessen Pfahlbausammlung als Geschenk. Sie wird im Museum Schwab in Biel aufbewahrt, das man nach dem Spender benannte.
Seit 1873 wurde Fellenberg bei den Grabungen im „Pfahlbau" Lüscherz durch den Arzt Victor Groß (1845–1920) aus Neuenstadt unterstützt, mit dem er sich zeitweise abwechselte.
1873 verbot die Regierung private Grabungen oder Bergungen in den „Pfahlbauten". Mit den Ausgrabungen wurden Edmund von Fellenberg und – bei dessen Abwesenheit – Eduard von Jenner (1830–1917) aus Bern beauftragt.
Jenner grub am 3. September 1873 den „Pfahlbau" Lüscherz im Bieler See aus. Am 2. Oktober 1873 untersuchte er den „Pfahlbau" in der Bucht von Mörigen im Bieler See, wo Fellenberg die Arbeiten fortsetzte. Außerdem grub Fellenberg bei Schaffis in der Nähe von Ligerz. Weitere Ausgrabungen erfolgten in Gerolfingen, auf der Petersinsel, auf dem Heidenweg und in Twann am Bieler See. 1874 wurde die „Pfahlbaustation" bei Vingelz unweit von Biel entdeckt, und 1875 grub der Arzt Groß aus Neuenstadt den ebenfalls am Bieler See gelegenen „Pfahlbau" von Sutz aus.

Arzt Victor Groß (1845–1920) aus Neuenstadt (Neuveville).
Aufnahme eines unbekannten Fotografen vor 1920

Einige Jahrzehnte später beteiligte sich der Pfarrer Carl Irlet (1879–1953) aus Twann an der Erforschung der „Pfahlbauten". Er entdeckte zwei „Pfahlbauten" aus Wingreis und barg einen Teil der dortigen Hinterlassenschaften. An diesen archäologisch interessierten Geistlichen erinnert heute noch das Pfahlbaumuseum Dr. Carl Irlet in Twann.
In den Jahrzehnten nach der Entdeckung des „Pfahlbaues" von Obermeilen am Zürichsee von 1854 kam es zu zahlreichen Veröffentlichungen in Zeitschriften und Büchern über die „Pfahlbauten" und das Leben in denselben. Auch Dichter und Maler nahmen sich des Themas an. Diese Pionierphase in der Erforschung der „Pfahlbauten" nennt man heute Pfahlbauromantik.
Zweifel daran, dass die „Pfahlbauten" im Wasser gestanden hätten, kamen erst einige Jahrzehnte später auf. Zu den ersten, die das romantisch verklärte Bild der „Pfahlbauten" korrigierten, gehörte der deutsche Prähistoriker Hans Reinerth (1900–1990). Er kam nach seinen großen Grabungen im Federseegebiet in Baden-Württemberg zu dem Schluss, die Siedlungen seien am Ufer angelegt und nur jeweils bei Hochwasser vom See aus erreicht worden.
Erst seit 1970 geht die Fachwelt – gestützt auf moderne Grabungen – davon aus, dass es neben den ebenerdigen Seeufersiedlungen auch echte Pfahlbaudörfer gab, deren Häuser vom Wasser abgehobene Böden besaßen.

*Pfahlbauforscher Pfarrer Carl Irlet (1879–1953) aus Twann
inmitten von aus dem Bieler See ragenden Pfählen.
Aufnahme eines unbekannten Fotografen um 1915*

*Deutscher Prähistoriker Hans Reinerth (1900–1990).
Wegen seiner Rolle vor und in der Zeit des Nationalsozialismus
ist er umstritten
Aufnahme von 1922*

„Pfahlbauer" auf einem Bild des Schweizer Historienmalers
Karl Jausin (1842–1904).
Bild: (via Wikimedia Commons),
Lizenz: gemeinfrei (Public domain)

Gemälde „Die Pfahlbauerin"
des Schweizer Malers Albert Anker (1831–1910)
im „Musée de Beaux-Arts, La Chaux-de-Fonds".
Bild: (via Wikimedia Commons), Lizenz: gemeinfrei (Public domain)

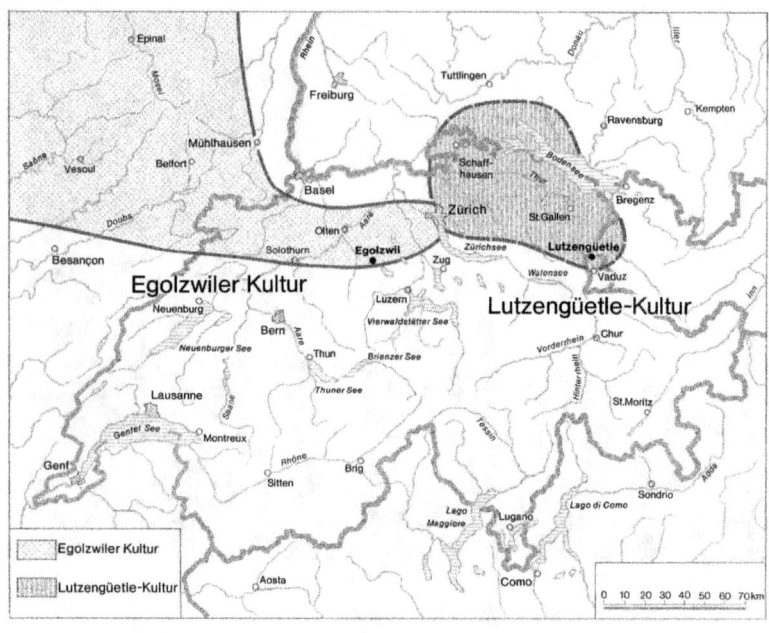

Verbreitung der Egolzwiler Kultur und der Lutzengüetle Kultur in der Schweiz sowie im Fürstentum Liechtenstein.
Karte von Adolf Böhm
für das Buch „Deutschland in der Steinzeit" (1991)
von Ernst Probst

Die Egolzwiler Kultur

In den Kantonen Bern, Solothurn, Luzern und Zürich setzten sich die für den Beginn der Jungsteinzeit kennzeichnenden Errungenschaften Ackerbau, Viehzucht und Töpferei erst ab der Egolzwiler Kultur (etwa 4.500 bis 4.000 v. Chr.) durch. Zu dieser Zeit ging in den genannten Kantonen, in denen sich bis dahin noch mittelsteinzeitliche Jäger, Fischer und Sammler behauptet hatten, die Mittelsteinzeit zu Ende. Nun begann auch in diesen Gebieten die „neolithische Revolution".

Die Ausbreitung der bäuerlichen Lebensweise und der damit verbundene starke Anstieg der Bevölkerungszahlen hat 1936 den australisch-britischen Prähistoriker Vere Gordon Childe (1892–1957) bewogen, dafür den Begriff der „neolithischen Revolution" zu prägen. Diese Bezeichnung hat sich in der Fachliteratur durchgesetzt, weil der Ackerbau, die Viehzucht und die Töpferei tatsächlich das Leben der jungsteinzeitlichen Menschen auf revolutionäre Weise verändert haben.

Manche Prähistoriker stellen die „neolithische Revolution" anders vor, als sie in diesem Taschenbuch geschildert wird. Sie glauben nicht daran, dass Ackerbau und Viehzucht durch Wanderungen einer größeren Anzahl von Bauern weiterverbreitet worden sind, die auf diese Weise einer durch die neue Wirtschaftsmethode ausgelösten Überbevölkerung in ihrer Heimat entkommen wollten. Sie meinen, dass die Weitergabe der neuen Kenntnisse (Ackerbau, Viehzucht, Töpferei) und Produkte (Saatgut, Haustiere, Keramik) durch Tauschgeschäfte und Austausch von Ideen erfolgt sei. Nach diesem Denkmodell wären die einheimischen mittelsteinzeitlichen Jäger jeweils durch den Kontakt mit benachbarten jungsteinzeitlichen Kulturen zu Bauern geworden. Es bleibt dann aber die Frage, weshalb sie auch deren Hausbauweise, Keramikstil, Schmuck, Kunststil, Bestattungssitte und Religion übernommen haben?

*Australisch-britischer Prähistoriker Vere Gordon Childe (1892–1957).
Foto: Andrew Swan Watson (1863–1930)*

Zürcher Prähistoriker Emil Vogt (1906–1974).
Foto: Schweizerisches Landesmuseumn Zürich

*Wo heute das Wauwilermoos liegt,
befand sich einst der Wauwiler See.*
*Foto: ETH-Bibliothek / Luftbild von Werner Friedli (1910–1996) /
CC BY-SA 4.0 / (via Wikimedia Commons),
lizensiert unter Creative-Commons-Lizenz by-sa-4.0-de,
https://creativecommons.org/licenses/by-sa/4.0/legalcode*

Normalerweise ist es üblich, dass alteingesessene Bevölkerungen radikalen Neuerungen in der Außenwelt eher ablehnend gegenüberstehen.
Den Begriff Egolzwiler Kultur hat 1951 der Zürcher Prähistoriker Emil Vogt (1906–1974) vorgeschlagen. Der Name bezieht sich auf die jungsteinzeitliche Seeufersiedlung Egolzwil 3 innerhalb der gleichnamigen Gemeinde am ehemaligen Wauwiler See im Kanton Luzern. Der Wauwiler See ist bereits 1859 trockengelegt worden. An seiner Stelle liegt heute das Wauwilermoos. Die Fundstelle Egolzwil 3 wurde in den Jahren 1930 bis 1932 durch den Schlossermeister Franz Graf (1880–1947) aus Schötz entdeckt, von 1950 bis 1952 durch den Prähistoriker Vogt und von 1985 bis 1988 durch das Schweizerische Landesmuseum, Zürich, erforscht.
Die Egolzwiler Kultur fiel in die zweite Hälfte des Atlantikums (etwa 5.800 bis 3.800 v. Chr.). Das Klima war noch immer relativ warm und feucht, wahrscheinlich aber schon deutlich unbeständiger als im älteren Atlantikum, da um 4.000 v. Chr. eine Kälteschwankung, die sogenannte Göschener Schwankung[1], zu Ende ging.
Pollendiagramme aus dem Schweizer Mittelland zeigen für das jüngere Atlantikum Eichenwälder mit hohem Buchenanteil oder schon Buchenwälder mit noch beachtlichem Eichenanteil. Dagegen herrschten im Schweizer Jura (außer dem Jura-Südfuß) Eichenmischwälder mit einem sehr hohem Tannen- und Buchenanteil und in der Ostschweiz Fichten-Tannen-Wälder mit einem je nach Höhenlage unterschiedlichen Anteil Eichen vor. Die Eichenmischwälder des älteren Atlantikums gab es nicht mehr, da Ulmen, Linden und teilweise auch Eschen schon sehr stark zurückgegangen oder gar verschwunden waren.
Im Wauwiler See schwammen neben mancherlei Fischarten auch Fischotter und Biber. In der Umgebung dieses Gewässers

*Egolzwil (Kanton Luzern) auf einem Luftbild von 1950.
Foto: ETH-Bibliothek / Werner Friedli (1910–1996) /
CC BY-SA 4.0 / (via Wikimedia Commons),
lizensiert unter Creative-Commons-Lizenz by-sa-4.0-de,
https://creativecommons.org/licenses/by-sa/4.0/legalcode*

Egolzwil 2010 vom Wauwilermoos aus gesehen.
Foto: DidiWeidmann / CC BY-SA 3.0 (via Wikimedia Commons),
lizensiert unter Creative-Commons-Lizenz by-sa-3.0-en,
https://creativecommons.org/licenses/by-sa/3.0/legalcode

lebten unter anderem Rothirsche, Rehe, Wildschweine, Braunbären, Elche, Luchse und Igel. Knochenreste von all diesen Tierarten wurden bei den Ausgrabungen in der Seeufersiedlung Egolzwil 3 gefunden.
Bevor die Angehörigen der Egolzwiler Kultur ihre Siedlungen errichten und Äcker anlegen konnten, mussten erst Lichtungen in den dichten Urwald geschlagen oder über Brandrodung solche geschaffen werden. Die Bauern fällten die Bäume mit Hilfe von Steinbeilen, die mit Holzschäften versehen waren, und verwendeten sie als Bauholz für ihre Häuser, die sie vermutlich mit Schilf bedeckten.
Die Menschen der Egolzwiler Kultur wählten häufig Seeufer als Standorte für ihre Siedlungen. Vielleicht hatte dies den Vorteil, dass deren dem Gewässer zugewandte Seite manchmal nicht so hoch bewaldet war, weshalb mitunter das Roden entfiel. Außerdem bot der nahe See reichlich Wasser und Gelegenheit zum Fischfang und zur Jagd auf die zur Tränke kommenden Wildtiere.
Die in der Nachbarschaft von Gewässern erbauten Dörfer der Egolzwiler Leute gelten als die ältesten jungsteinzeitlichen Seeufersiedlungen der Schweiz.
Zur Seeufersiedlung Egolzwil 3 am Wauwiler See gehörten Rechteckhäuser von etwa 8 Meter Länge und bis zu 5 Meter Breite, in denen zahlreiche immer wieder neu angelegte Herdstellen nachgewiesen wurden. Der Fußboden in den Behausungen bestand aus dicken Rindenlagen, die vor Bodenfeuchtigkeit schützen sollten. Die Siedlung war von einem Zaun umgeben, der wahrscheinlich das Vieh am Ausbrechen hindern sollte. Doch muss auch der Abwehrcharakter dieser mindestens 2,50 Meter hohen Einfriedung in Betracht gezogen werden. Die stehenden Pfosten hatten einen Durchmesser bis zu 25 Zentimetern und waren 3 Meter tief in der Seekreide verankert.

Außer Egolzwil 3 gehören auch die Seeufersiedlungen Egolzwil 1², Schötz 1 und Wauwil 1 am einstigen Wauwiler See zur Egolzwiler Kultur. Diese Siedlungen wurden allesamt durch den Seidenfabrikanten Rudolf Suter (1789–1875) aus Zofingen sowie durch den damals am Bahnbau beschäftigten Ingenieur Vinzenz Nager (1822–1889) aus Luzern entdeckt und ausgewertet. Suter besaß ein Grundstück im Wauwilermoos, begann Mitte des 19. Jahrhunderts mit dem Torfabbau und stieß dabei auf Reste einer Pfahlbausiedlung. Die nach heutigen Maßstäben unsachgemäß von Suter und Nager durchgeführten Bergungsaktionen aus dieser Zeit sind der Grund dafür, dass über diese Siedlungen keine konkreten Aussagen möglich sind. In die Egolzwiler Kultur werden auch die Siedlungsspuren aus der Schicht 5 an der Fundstelle Kleiner Hafner in Zürich datiert. Diese Seeufersiedlung am Zürichsee hat etwa zwischen 4.400 und 4.200 v. Chr. existiert. Auch dort zeugen vor allem Keramikreste von der Anwesenheit der ehemaligen Bewohner. Die Egolzwiler Leute waren in erster Linie Ackerbauern und Viehzüchter. Manchmal gingen sie jedoch auch mit Pfeil und Bogen auf die Jagd. Dabei erlegten sie vor allem Rehe und Wildschweine.

Reste von Einkorn, Emmer, Nacktweizen und mehrzeiliger Gerste aus Siedlungen der Egolzwiler Kultur beweisen den Anbau dieser Getreidearten. Außerdem fand man häufig Erbsen. Schlafmohn diente vermutlich als Nahrungs- und Öllieferant. Die seltenen Leinfunde deuten auf die Herstellung leinerner Erzeugnisse hin. Vom Ackerbau zeugen zudem Erntesicheln mit geradem Holzschaft und darin eingesetzter Feuersteinklinge.

In den Seeufersiedlungen Egolzwil 3 und Kleiner Hafner überwogen auffälligerweise die Knochenreste von Schweinen und Ziegen, während diejenigen von Rindern ausgesprochen

*Die Anhänger aus dem Gehäuse großer Meeresschnecken vom Mittelmeer, die in Egolzwil 3 gefunden wurden, belegen Tauschgeschäfte.
Höhe des größeren Anhängers etwa 5,6 Zentimeter, Breite 6 Zentimeter.
Originale im Schweizerischen Landesmuseum, Zürich.
Foto: Schweizerisches Landesmuseum, Zürich*

selten waren. Manche Prähistoriker nehmen deshalb an, dass die Egolzwiler Leute die wenigen Rinder von anderen Stämmen eingetauscht haben. Der in Egolzwil 3 nachgewiesene Hund diente vielleicht als Gehilfe eines Hirten oder Jägers. Spekuliert wird, dass man dort versucht hat, Hirsche als Haustiere zu züchten.

Die Nahrung der Egolzwiler Leute war vielseitig. Gegessen wurden vor allem Speisen aus Getreidekörnern und -mehl sowie Erbsen. Das Fleisch geschlachteter Haustiere und Wildbret war nach den Abfällen zu schließen von untergeordneter Bedeutung. Daneben hat man saisonal wildwachsende Haselnüsse, Brombeeren und Himbeeren in großen Mengen gesammelt und gegessen.

Zum Leben dieser Ackerbauern und Viehzüchter dürften auch in gewissem Umfang betriebene Tauschgeschäfte gehört haben, bei denen – wie Grabungen zeigten – mancherlei begehrte oder seltene Produkte (beispielsweise Schmuck) den Besitzer wechselten. Über das Verkehrswesen ist nicht viel bekannt. Sollten die Egolzwiler Leute tatsächlich selbst keine Rinder gezüchtet haben, hätte es nicht einmal Tragtiere gegeben.

Bei einer Rettungsgrabung vor dem Neubau des Strandbades von Moosseedorf am Moossee im Kanton Bern glückte im Juli 2011 die Entdeckung eines fragmentarisch erhaltenen 5,80 Meter langen und 65 Zentimeter breiten Einbaums aus Lindenholz. Der Boden und die einzige erhaltene Außenwand dieses Wasserfahrzeuges sind nur einen Zentimeter dick und somit extrem dünn. Dieser Einbaum wurde – laut einer Altersdatierung – bereits Mitte des 5. Jahrtausends v. Chr. hergestellt und gilt als das älteste bekannte Boot in der Schweiz. Das Wrack hat man in einem Labor des Museums für Antike Schifffahrt in Mainz konserviert. Seit 2018 ist der Einbaum in einer Außenvitrine am Mondsee zu bewundern.

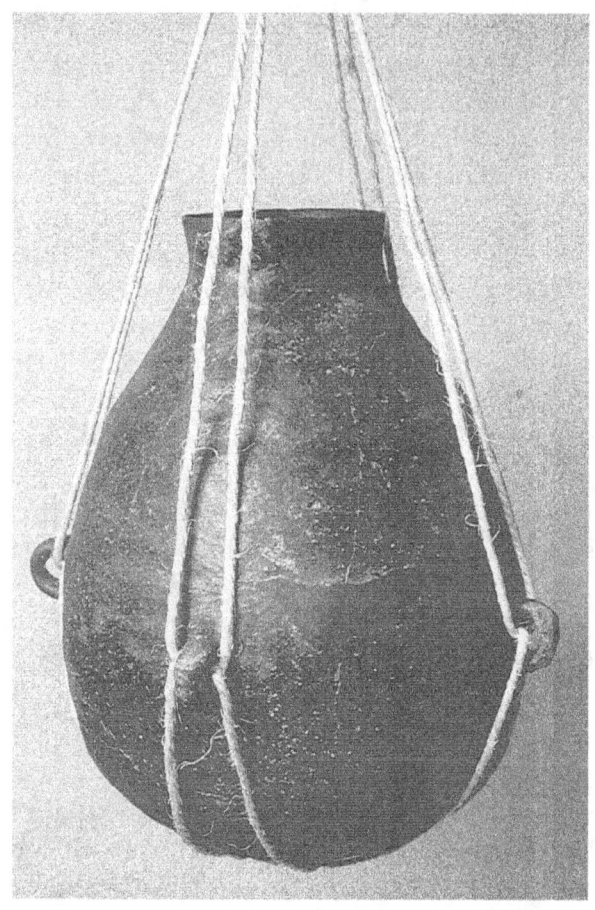

*Tönernes Vorratsgefäß der Egolzwiler Kultur von Egolzwil 3
am ehemaligen Wauwiler See im Kanton Luzern.
Dabei handelt es sich um eine sogenannte rundbodige Flasche
mit drei Ösen, die das Aufhängen des Gefäßes
mit Schnüren ermöglichen. Höhe 34 Zentimeter.
Original im Schweizerischen Landesmuseum, Zürich.
Foto: Schweizerisches Landesmuseum, Zürich*

Der Anbau von Lein und die Schafzucht deuten daraufhin, dass für die Kleidung der Egolzwiler Bauern – abgesehen von Fasern aus Wildpflanzen und Lindenbast – auch Leinen oder Schafwolle zur Verfügung standen. Für die Schuhe käme Leder als Rohmaterial in Frage. Auch Schmuckstücke sind entdeckt worden. Kunstwerke und Musikinstrumente konnte man noch nicht nachweisen.

Die Bruchstücke von Tongefäßen an Fundplätzen der Egolzwiler Kultur stammen meistens von unverzierten, weitmündigen Kochtöpfen, sack- und eiförmigen Behältnissen bzw. Tonflaschen. Diese Tongefäße besaßen stets halbkugelige Böden und leistenförmige, senkrecht durchlochte Hängeösen, aber auch Henkelösen. Nur die Kochtöpfe mit Henkelösen eigneten sich dazu, mittels Haltestäben auf den Boden gestellt zu werden. Gefäße mit vertikalen, feingliedrigen Ösen sowie Flaschen mit horizontalen Bandösen wurden an Schnüren aufgehängt.

Über die Keramik der Egolzwiler Kultur heißt es im Online-Lexikon „Wikipedia", die bestimmenden Formen seien aus der Westschweiz übernommen und verfeinert worden, aber auch ärmer. Kulturelle Verbindungen zu den mitteleuropäischen Kulturen seien durch sogenannte Wauwiler Becher (nach dem Fundort Wauwilermoos) belegt. Die Wauwiler Becher werden auch Spätrössener Kugelbecher genannt.

Zum Werkzeuginventar der Seeufersiedlung Egolzwil 3 gehörten Erntesicheln mit langen Feuersteinklingen, die man zurechtgeschlagen hatte, sowie Felsgesteinklingen, deren Form man zunächst roh zugehauen und dann überschliffen hatte. Am gleichen Fundort stieß man auch auf steinerne Pfeilspitzen, welche die Verwendung von Pfeil und Bogen als Fernwaffe für die Jagd und den Kampf belegen. Sieben Harpunen aus Knochen und Geweih in Egolzwil 3 dienten zum Fischfang.

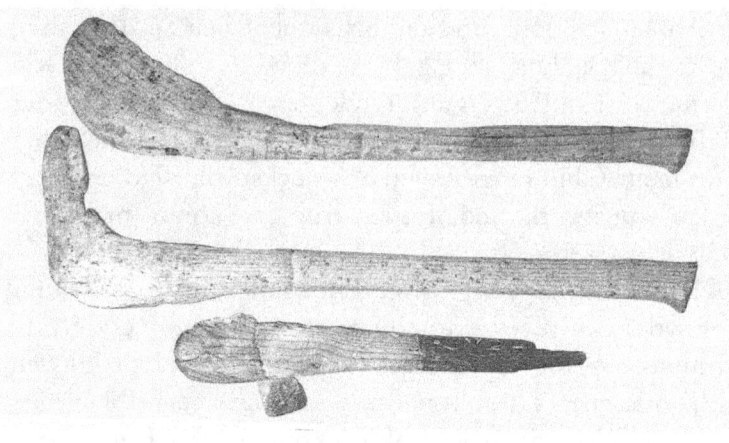

*Axtschäfte aus Eschenholz von Egolzwil 3 im Kanton Luzern.
Länge des größeren Schaftes in der Mitte des Bildes 66 Zentimeter.
Originale im Schweizerischen Landesmuseum, Zürich.
Foto: Schweizerisches Landesmuseum, Zürich*

Der Egolzwiler Kultur werden fünf Steinkistengräber mit Hockerbestattungen auf der Studenweid bei Däniken im Bezirk Olten (Kanton Solothurn) zugerechnet.[3] Bei einer Hockerbestattung sind die Beine zum Körper hin angezogen. Die Studenweid wird als etwa 20 Meter über heutigem Talniveau liegende Flussterrasse oder als plateauartig vorspringender Fuß des Engelsberges beschrieben. Das im Juni 1946 aufgespürte Grab 1 enthielt drei große und zwei kleinere Pfeilspitzen, retuschierte Abschläge, ein retuschiertes Bergkristallfragment, einen rundlichen Schaber, einen kleinen Abspliss und die Hälfte einer durchbohrten Perle aus Gagat (Pechkohle). Im Abstand von etwa 4 Metern kam im Juni 1946 Grab 2 zum Vorschein. Darin lagen zwei große und zwei kleinere Pfeilspitzen, mehr als 80 Perlen aus Gagat mit einem Durchmesser bis zu 7 Millimetern, zahlreiche dünnwandige Keramikfragmente, darunter eine Scherbe mit durchlochter Knubbe (Henkel), zahlreiche Absplisse aus Silex und kleine Rötelfragmente. Menschliche Knochen barg man nicht.

Drei weitere Steinkistengräber (Grab 1, Grab 2, Grab 3) der Egolzwiler Kultur wurden 1970 bei einer Grabung auf der Studenweid bei Däniken entdeckt.

Vom schlecht erhaltenen Grab 1 blieben nur zwei Seitenplatten aus Tuffstein erhalten. Eine Längsseite ist 1,10 Meter lang und 17 bis 37 Zentimeter hoch, eine Schmalseite 87 Zentimeter lang und 35 Zentimeter hoch. Zum Fundgut aus diesem Grab gehören menschliche Langknochen und Schädelbruchstücke, eine kleine Beilklinge aus Silex, eine Pfeilspitze aus weißem Silex, zwei Kratzer aus Silex, ein Abschlag aus Silex, 16 kleine, bis zu 3 Zentimeter große Keramikfragmente, darunter Bruchstücke eines zerbrochenen Bechers (Wauwiler Becher), 40 Perlen aus Gagat mit sanduhrförmigen Durchbohrungen und zwei Holzkohlestücke.

Bild auf Seite 43:

*Seite aus einem Bericht in der Zeitschrift „Ur-Schweiz"
über die im Juni 1946
von Theodor Schweizer (1893–1956)
auf der Studenheid bei Däniken im Kanton Solothurn
entdeckten zwei Steinkistengräber.
Das Foto oben zeigt die beiden Steinkistengräber
und dazwischen eine Steinplatte,
die der Ausgräber als Stele deutete.
Auf dem Foto unten sind fünf Pfeilspitzen und andere Funde
aus Grab 1 abgebildet.*

Tafel I, Abb. 1. Neolithische Gräber Däniken (Solothurn), Juni 1946 (S. 38)
Aus Ur-Schweiz 1946, Heft 3

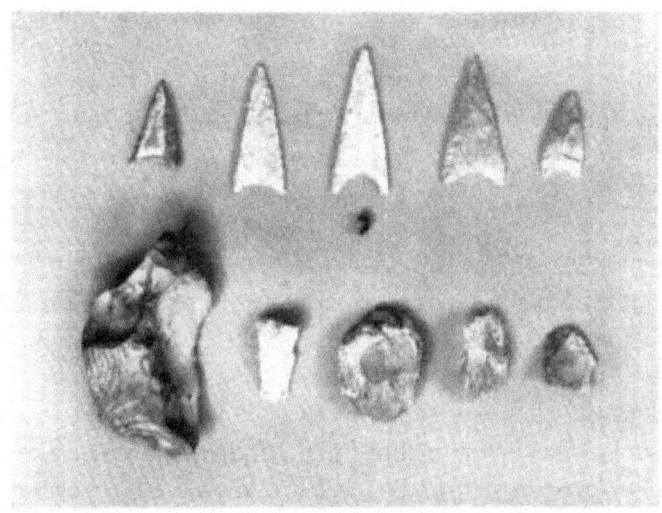

Tafel I, Abb. 2. Däniken, Neolithische Gräber. Funde aus Grab 1 (S. 38)
Aus Ur-Schweiz 1946, Heft 3

Grab 2 mit vier Seitenplatten aus Tuffstein war 1,50 mal 1 Meter groß. Wie bei Grab 1 sind auch hier die menschlichen Knochenreste sehr schlecht überliefert. Zu den reichen Beigaben zählten drei Beilklingen unterschiedlicher Größe und Farbe. Die größte davon ist 10,3 Zentimeter lang, bis zu 4,5 Zentimeter breit und besteht aus graugrünem Kieselkalk. Weitere Beigaben sind fünf Pfeilspitzen aus Silex, ein Klingenfragment, zwei Kratzer aus Silex, ein kleines Messer aus Silex, Klingen, Absplisse und Abschläge aus Silex, Trümmerstücke aus Bergkristall, 20 Perlen aus Gagat mit einem Durchmesser bis zu 0,55 Zentimeter und 19 bis zu 3 Zentimeter lange Keramikfragmente.

Vom Bagger teilweise zerstört wurde das ungefähr 20 Meter von Grab 1 entfernte Grab 3, dessen Maße unbekannt sind. Außer menschlichen Knochenfragmenten konnte man lediglich zwei Keramikfragmente bergen.

Die schlecht erhaltenen Knochenreste aus den Steinkistengräbern auf der Studenweid bei Däniken verraten nichts über die Körpergröße dieser Menschen und ihre Krankheiten. Generell waren die Ackerbauern und Viehzüchter der Jungsteinzeit merklich kleiner als heutige Männer und Frauen und erreichten kein hohes Alter.

Über die Religion der Egolzwiler Leute wissen wir nichts. Man kennt aber aufschlussreiche Funde aus anderen Kulturen der Jungsteinzeit in der Schweiz und in Deutschland, die teilweise gleichzeitig wie die Egolzwiler Kultur existierten.

Aus der Michelsberger Kultur (etwa 4.300 bis 3.500 v. Chr.) in Deutschland liegen häufig nur fragmentarisch erhaltene Skelette vor. Diese lassen sich damit erklären, dass die Michelsberger Leute überirdischen Mächten Menschenopfer darbrachten und dabei einen rituell motivierten Kannibalismus praktizierten. Mit diesen Menschenopfern baten die Michelsberger Ackerbauern und Viehzüchter möglicherweise ihre Gottheiten um das Gedeihen der Ernte und das Wohl des Viehs.

Die Menschen der in den Kantonen Genf, Waadt, Neuenburg, Freiburg, Wallis, Bern, Solothurn, Aargau, Luzern und Zürich existierenden Cortaillod-Kultur (etwa 4.000 bis 3.500 v. Chr.) haben ihre Toten unverbrannt in engen Steinkistengräbern bestattet, die vorzugsweise auf sonnigen Hängen angelegt wurden. Vier zumeist etwa einen Meter lange Steinplatten bildeten die Seitenwände, während eine fünfte Platte als Abdeckung diente. In den vielfach quadratischen Steinkistengräbern bettete man die Verstorbenen mit eng zum Körper hin angezogenen Beinen zur letzten Ruhe. Es hat den Anschein, als seien die Beine manchmal an die Brust geschnürt worden. Auffällig sind die linksseitige Körperlage und die Blickrichtung zur aufgehenden Sonne.

Bei der in den Kantonen Basel, Zürich, Schaffhausen und Thurgau sowie im baden-württembergischen Bodenseegebiet heimischen Pfyner Kultur (etwa 4.000 bis 3.500 v. Chr.) könnte man einem Busenkult gehuldigt haben. 1989 deuteten Funde in Privatsammlungen darauf hin, dass im Flachwasser des Strandbades Ludwigshafen in Baden-Württemberg die Reste einer mit großen Zeichen und Ornamenten bemalten Hauswand liegen mussten. Sofort ging seitens des Landesdenkmalamtes die für das Unterwasserkulturgut zuständige Arbeitsstelle Hemmenhofen dieser Spur nach. Zwischen 1990 und 1994 bargen Taucharchäologen im Bodensee bei Ludwigshafen-Seehalde bemalte und modellierte Wandfragmente abgebrannter Pfahlbauten. Damit gelang ihnen ein wahrer Sensationsfund: Denn es handelte sich um Reste der ältesten Wandmalereien nördlich der Alpen. Zahlreiche Keramikfragmente der Pfyner Kultur und dendrochronologische Datierungen von Holzpfählen zwischen 3.867 und

3.861 v. Chr. beantworteten die Frage nach dem Alter der Funde. Nach 22-jähriger Puzzle-Arbeit mit mehr als 2.000 Fragmenten konnte man die Innenwand eines Pfahlbaues rekonstruieren, welche die fast lebensgroßen Oberkörper von mindestens sieben weiblichen Gestalten mit erhobenen Händen und realistisch aus Lehm geformten Brüsten präsentierte. Die Brüste waren mit weißen Punkten übersät und mehrfach von einem gemalten kreuzförmigen Band durchzogen. Eine nach außen abstehende und mit Fransen versehene Linie stellte sich als Ärmchen mit einer dreifingrigen Hand heraus. Man vermutet, die dargestellten Personen sollten große Ahnfrauen oder gottähnliche Gestalten verkörpern. Das imposante Kunstwerk wurde bei der „Großen Landesausstellung 2016" in Bad Schussenried und Bad Buchau erstmals gezeigt. Bei den Gebäuden mit Wandmalereien in Ludwigshafen-Seehalde könnte es sich um Wohnhäuser von Familienoberhäuptern handeln, die eine besondere rituelle Funktion besaßen. Ebenso gut ist es möglich, dass diese Häuser von Dorfbewohnern gemeinsam genutzt wurden. Eventuell waren es Versammlungsorte von Clan-Gruppen. Zum Fundgut aus Ludwigshafen-Seehalde gehörten außer Fragmenten der Wandmalereien sorgfältig angefertigte Textilien und ein menschengestaltiges Tongefäß mit aufgesetzten Brüsten und Armen. In diesem Tongefäß hatte man aus Birkenrinde klebrigen Birkenteer hergestellt.

Anmerkungen

Die Anfänge der Pfahlbauforschung
1] Das Kapitel über die Entdeckung und Erforschung der Pfahlbauten fußt vor allem auf: Josef Speck: „Pfahlbauten: Dichtung und Wahrheit. Ein Querschnitt durch 125 Jahre Forschungsgeschichte". Helvetia archaeologica, S. 98–138, Zürich 1981; „125 Jahre Pfahlbauforschung". Sondernummer Archäologie der Schweiz, Basel 1979; Helmut Schlichtherle / Barbara Wahlster: Archäologie in Seen und Mooren. Den Pfahlbauten auf der Spur, Stuttgart 1986.
2] Die „Eherne Hand" befindet sich heute im Museum Schwab in Biel (Bienne).
3] Der Bürgermeister von Sankt Gallen, Joachim Vadian, war zeitweise Rektor der Universität Wien. Er hatte seinen eigentlichen Familiennamen Watt in Vadian latinisiert, wie dies damals bei den Humanisten üblich war.
4] Pfahlbaubericht I erschien 1854, II/1858, III/1860, IV/1861, V/1863, VI/1866, VII/1876, VIII/1879, IX/1888, also bereits nach dem Tod von Ferdinand Keller, X/1924, XI/1930, XII/1930.

Die Egolzwiler Kultur
1] Die Göschener Schwankung wurde 1966 durch den schweizerischen Botaniker Heinrich Zoller (1923–2009) aus Basel erkannt.
2] Die Seeufersiedlung Egolzwil 1 wird in älterer Literatur auch Pfahlbau Suter genannt.
3] Auf der Studenweid bei Däniken hat 1946/47 der Amateur-Archäologe Theodor Schweizer (1893–1956) aus Olten gegraben. Vom 13. Mai bis zum 2. Juni 1946 wurde einer von

*Der Amateur-Archäologe Theodor Schweizer (1893–1956)
aus Olten entdeckte 1946 auf der Studenheid bei Däniken
im Kanton Solothurn zwei Steinkistengräber der Egolzwiler Kultur.
Aufnahme eines unbekannten Fotografen vor 1956*

drei Grabhügeln aus der Hallstatt-Zeit, der einen Durchmesser von etwa 20 Metern hatte, untersucht. Dabei entdeckte Schweizer unter diesem Hügel zwei Steinkistengräber der Egolzwiler Kultur. 1947 wurde Grabhügel II teilweise bei einer Lehrgrabung des Schweizerischen Institutes für Ur- und Frühgeschichte und teilweise durch Schweizer allein erforscht. Dabei kamen nur Gräber aus der Hallstatt-Zeit zum Vorschein. Schweizer arbeitete als Färber, Heizer, Maschinist, Maschinenschlosser, Telegraphenbote, Postangestellter und Verwaltungshilfe auf der Telefondirektion in Olten. Bei einer Grabung vom 16. September bis 29. Oktober 1970 kamen auf der Studenweid bei Däniken drei weitere Steinkistengräber der Egolzwiler Kultur zum Vorschein. Entdecker dieser Fundstelle waren eine Frau und ein Herr Balmer aus Olten. Ihnen fiel auf, dass bei Baggerarbeiten zur Vorbereitung eines neuen Areals für Kiesgewinnung der STUAG zwei Steinkistengräber freigelegt worden sind. Das Paar meldete seine Beobachtung den Kantonsarchäologen, die Bernard Dubuis mit der Grabungsleitung beauftragten. Als ständige Mitarbeiterin bei der Grabung fungierte Zahai Bürgi aus Bern. Dubuis und Christin Osterwalder (1943–2008) berichteten 1972 im Jahrbuch für solothurnische Geschichte über diese Grabung, bei der insgesamt drei Steinkistengräber zum Vorschein kamen.

*Aquarell „Jägers Heimkehr in der Pfahlbauzeit" (1865),
gemalt von Johann Gottlieb Hegi.
Original im Privatbesitz*

Literatur

Die Anfänge der Pfahlbauforschung
ANONYMUS: Nachruf auf Oberst Fritz Schwab.
Schweizer Handels-Courier, 6. September 1869, Biel 1869.
BANDI, Hans-Georg: Albert Jahn. Ein hervorragender
Förderer der Bernischen Altertumsforschung im 19.
Jahrhundert. Schriften der Historisch-Antiquarischen
Kommission der Stadt Bern, S. 1–26, Bern 1967.
FILIP, Jan: Pfahlbauten. Enzyklopädisches Handbuch zur
Ur- und Frühgeschichte Europas, Band II (L-Z), S. 1022–
1023, Stuttgart, Berlin, Köln, Mainz 1969.
FOREL, François Alphonse: Dr. Alexandre Schenk, né à
Noville (Vaud) le 22 mars 1874, décédé à Lausanne le 14
novembre 1910. Dritter Jahresbericht der Schweizerischen
Gesellschaft für Urgeschichte, S. 16/17, Zürich 1911.
GUYAN, Walter Ulrich / LEVI, Hilde/ LÜDI, Werner /
SPECK, Josef / TAUBER, Henrik / TROELS-SMITH,
Jorgen / VOGT, Emil / WELTEN, Max: Das
Pfahlbauproblem. Monographien zur Ur- und
Frühgeschichte der Schweiz, Basel 1985.
HEIERLI, Jakob: Edmund von Fellenberg. Anzeiger für
Schweizerische Alterturnskunde, S. 104/105, Zürich 1902.
ISCHER, Theophil: Die Erforschungsgeschichte der
Pfahlbauten des Bieler Sees. Anzeiger für Schweizerische
Altertumskunde, S. 1–17, Basel 1913.
ISCHER, Theophil: Pfarrer Dr. h. c. Carl Irlet 1879–1953.
Ur-Schweiz, S. 25–27, Basel 1953.
ISCHER, Theophil / LAUR-BELART, Rudolf: Ferdinand
Keller zum Gedächtnis, 1800–1881. Ur-Schweiz, S. 21–30,
Basel 1954.

KAENEL, Gilbert: L'archéologie vaudoise a 150 ans Frédéric Troyon et le Musée des antiquités. Perspectives, S. 24–26, Lausanne 1988.
KELLER, Ferdinand: Die keltischen Pfahlbauten in den Schweizerseen, Zürich 1865.
NÄF, Werner: Vadian und seine Stadt St. Gallen, 2 Bände, St. Gallen 1944–1957.
SCHLICHTHERLE, Helmut / WAHLSTER, Barbara: Archäologie in Seen und Mooren. Den Pfahlbauten auf der Spur, Stuttgart 1986.
SPECK, Josef: Zur Geschichte der Pfahlbauforschung. In: HÖNEISEN, Markus: Die ersten Bauern. Pfahlbaufunde Europas. Forschungsgeschichte zur Ausstellung im Schweizerischen Landesmuseum und zum Erlebnispark/ Aussstellung Pfahlbauland in Zürich. 28. April bis 30. Septemberg 1990, Band 1: Schweiz, S. 9–20, Zürich 1990.
STÖCKLI, Werner E.: Das Pfahlbauproblem heute. Archäologie der Schweiz, S. 50–56, Basel 1979.
STRAHM, Christian: Das Pfahlbauproblem. Eine wissenschaftliche Kontroverse als Folge falscher Fragestellung. Germania, S. 353–360, Frankfurt 1983.
STUDER, Theophil: Edmund von Fellenberg. Ein Lebensbild. Neujahrsblatt herausgegeben vom Historischen Verein des Kantons Bern für 1903, S. 1–19, Bern 1902.
TATARINOFF, Eugen: Johannes Aeppli. Jahresbericht der Schweizerischen Gesellschaft für Urgeschichte, S. 7–9, Frauenfeld 1915.
TSCHUMI, Otto: Eduard von Jenner 1830–1917. Blätter für bernische Geschichte, Kunst und Altertumskunde, S. 312–316, Bern 1918.
TÜRLER, Heinrich / GODET, Marcel / ATTINGER, Victor: Aeppli, Johannes. Historisch-Biographisches Lexikon der Schweiz, Erster Band, S. 138, Neuenburg 1921.

TÜRLER, Heinrich / GODET, Marcel / ATTINGER, Victor: Désor, Pierre Jean Edouard. Historisch-Biographisches Lexikon der Schweiz, Zweiter Band, S. 698, Neuenburg 1924.
TÜRLER, Heinrich / GODET, Marcel / ATTINGER, Victor: Groß, Victor. Historisch-Biographisches Lexikon der Schweiz, Dritter Band, S. 757, Neuenburg 1926.
TÜRLER, Heinrich / GODET, Marcel / ATTINGER, Victor: Gilliéron, Victor. Historisch-Biographisches Lexikon der Schweiz, Dritter Band, S. 517, Neuenburg 1926.
TÜRLER, Heinrich / GODET, Marcel / ATTINGER, Victor: Schwab, Friedrich. Historisch- Biographisches Lexikon der Schweiz, Sechster Band, S. 260, Neuenburg 1931.
WEPFER, Hans Ulrich: Johann Adam Pupikofer, 1797–1882, Geschichtsschreiber des Thurgaus. Schulpolitiker und Menschenfreund. Thurgauische Beiträge zur Vaterländischen Geschichte, S. 3–205, Frauenfeld 1969.

Die Egolzwiler Kultur
DUBUIS, Bertrand / OSTERWALDER, Christin: Die Steinkistengräber von Däniken „Studenweid", SO (Grabung 1970), 16. September – 29. Oktober. Jahrbuch für solothurnische Geschichte 45, S. 295–315, Solothurn 1972.
FEY, Martin: † Theodor Schweizer: 1. Februar 1893 bis 10. Februar 1956. Jahrbuch für solothurnische Geschichte, Band 29, S. 5–19, Solothurn 1956.
GUYAN, Walter Ulrich: Emil Vogt (1906–1971). Jahrbuch der Schweizerischen Gesellschaft für Ur- und Frühgeschichte, S. 320–322, Frauenfeld 1976.
HAFNER, Albert / HARB, Christian / AMSTUTZ, Marco / FRANCUZ, John / MOLL-DAU, Friederike:

Moosseedorf, Moossee Oststation, Strandbad. Pfahlbauten und das älteste Boot der Schweiz, Archäologie Bern, S. 71–77, Bern 2012.
HAFNER, Albert / SUTER, Peter J.: Das Neolithikum in der Schweiz, 27. November 2003.
www.jungsteinSITE.de
HÖNEISEN, Markus: Die ersten Bauern. Pfahlbaufunde Europas. Forschungsgeschichte zur Ausstellung im Schweizerischen Landesmuseum und zum Erlebnispark/ Aussstellung Pfahlbauland in Zürich. 28. April bis 30. September 1990, Band 1: Schweiz, Zürich 1990.
JAZDZEWSKI, Konrad: Die Ergolzwiler Kultur. Urgeschichte Mitteleuropas, S. 166, Wroclaw, Warszawa, Kraków, Gdanks, Lódz 1984.
SCHWEIZER, Theodor: Die Gräberfunde von Däniken. Ur-Schweiz, Jahrgang X, Nr. 3, S. 53 ff, Basel 1946.
SCHWEIZER, Theodor: Die steinzeitlichen Hockergräber in der Studenweid bei Däniken. Ergebnisse der Grabung. Für die Heimat, S. 182–186, Olten 1947.
SCHWEIZER, Theodor: Die Ausgrabung des zweiten Grabhügels in der Studenweid bei Däniken 1947. Oltner Geschichtsblätter 1947, Nr. 6, Olten, 20. Dezember 1947.
SCHWEIZER, Theodor: Die Grabhügel in der „Studenweid" bei Däniken. Ihre Entdeckung und Ausgrabung. Oltner Neujahrs-Blätter 1947, S. 25–28, Olten.
STÖCKLI, Werner E.: Egolzwiler Kultur. Historisches Lexikon der Schweiz, 16. August 2004.
https://hls-dhs-dss.ch/de/articles/007345/2004-08-26/
STÖCKLI, Werner E. / NIFFELER, Urs / GROSS-KLEE, Eduard: Die Schweiz vom Paläolithikum bis zum frühen Mittelalter, Band 2, Neolithikum, Basel 1995.

STUMMER, Hans: Däniken. Historisches Lexikon der Schweiz, 19. März 2004.
https://hls-dhs-dss.ch/de/articles/001160/2004-03-19/
SUTER, Peter J.: Zürich „Kleiner Hafner". Tauchgrabungen 1981–1984. Berichte der Zürcher Denkmalpflege. Zürich 1987.
VOGT, Emil: Das steinzeitliche Dorf Egolzwil 3 (Kt. Luzern). Bericht über die Ausgrabung 1950. Zeitschrift für Schweizerische Archäologie und Kunstgeschichte, S. 193–215, Basel 1951.
WIKIPEDIA (Online-Lexiikon): Einbaum vom Moossee. https://de.wikipedia.org/wiki/Einbaum_vom_Moossee
WYSS, René: Anfänge des Bauerntums in der Schweiz. Die Egolzwilerkultur (um 2700 v. Chr. Geb.), Bern 1959.
WYSS, René: Egolzwiler Kultur. Aus dem schweizerischen Landesmuseum 12, Zürich 1971.
WYSS, René: Neue Ausgrabungen in Egolzwil 3, 1987. Schweizerisches Landesmuseum, 96. Jahresbericht 1987, S. 68–73, Zürich 1988.
WYSS, René: Egolzwil 3: ein viehzüchterisch bedeutender Wohnplatz aus der zweiten Hälfte des 5. Jahrtausends v. Chr. Zeitschrift für schweizerische Archäologie und Kunstgeschichte 44, Heft 3, S. 193–203, Basel 1989.
WYSS, René: Steinzeitliche Bauern auf der Suche nach neuen Lebensformen. Egolzwil 3 und die Egolzwiler Kultur. Zürich 2003.

Autor Ernst Probst.
Foto: Klaus Benz, Fotograf, Mainz-Laubenheim

Der Autor

Ernst Probst, geboren am 20. Januar 1946 in Neunburg vorm Wald im bayerischen Regierungsbezirk Oberpfalz, ist Journalist und Wissenschaftsautor. Er arbeitete von 1968 bis 1971 bei den „Nürnberger Nachrichten", von 1971 bis 1973 in der Zentralredaktion des „Ring Nordbayerischer Tageszeitungen" in Bayreuth und von 1973 bis 2001 bei der „Allgemeinen Zeitung", Mainz. In seiner Freizeit schrieb er Artikel für die „Frankfurter Allgemeine Zeitung", „Süddeutsche Zeitung", „Die Welt", „Frankfurter Rundschau", „Neue Zürcher Zeitung", „Tages-Anzeiger", Zürich, „Salzburger Nachrichten", „Die Zeit", „Rheinischer Merkur", „Deutsches Allgemeines Sonntagsblatt", „bild der wissenschaft", „kosmos", „Deutsche Presse-Agentur" (dpa), „Associated Press" (AP) und den „Deutschen Forschungsdienst" (df). Aus seiner Feder stammen die Bücher „Deutschland in der Urzeit" (1986), „Deutschland in der Steinzeit" (1991), „Rekorde der Urzeit" (1992), „Dinosaurier in Deutschland" (1993 zusammen mit Raymund Windolf) und „Deutschland in der Bronzezeit" (1996). Von 2001 bis 2006 betätigte sich Ernst Probst als Buchverleger sowie zeitweise als internationaler Fossilienhändler und Antiquitätenhändler. Insgesamt veröffentlichte er mehr als 300 Bücher, Taschenbücher, Broschüren und über 300 E-Books.

Bücher von Ernst Probst

(Auswahl)

Als Mainz im Meer lag
Als Mainz noch nicht am Rhein lag
Christl-Marie Schultes. Die erste Fliegerin in Bayern (zusammen mit Theo Lederer)
Der Europäische Jaguar
Der Mosbacher Löwe. Die riesige Raubkatze aus Wiesbaden
Der Rhein-Elefant. Das Schreckenstier von Eppelsheim
Der Schwarze Peter. Ein Räuber im Hunsrück und Odenwald
Der Ur-Rhein. Rheinhessen vor zehn Millionen Jahren
Deutschland im Eiszeitalter
Deutschland in der Frühbronzezeit
Deutschland in der Mittelbronzezeit
Deutschland in der Spätbronzezeit
Die Aunjetitzer Kultur in Deutschland
Die Straubinger Kultur in Deutschland
Die Singener Gruppe
Die Arbon-Kultur in Deutschland
Die Ries-Gruppe und die Neckar-Gruppe
Die Adlerberg-Kultur
Der Sögel-Wohlde-Kreis
Die nordische Bronzezeit in Deutschland
Die Hügelgräber-Kultur in Deutschland
Die ältere Bronzezeit in Nordrhein-Westfalen
Die Bronzezeit in der Lüneburger Heide
Die Stader Gruppe
Die Oldenburg-emsländische Gruppe
Die Urnenfelder-Kultur in Deutschland

Die ältere Niederrheinische Grabhügel-Kultur
Die Unstrut-Gruppe
Die Helmsdorfer Gruppe
Die Saalemündungs-Gruppe
Die Lausitzer Kultur in Deutschland
Die Dolchzahnkatze Megantereon
Die Dolchzahnkatze Smilodon
Die Säbelzahnkatze Homotherium
Die Säbelzahnkatze Machairodus
Die Schweiz in der Frühbronzezeit
Die Rhône-Kultur in der Westschweiz
Die Arbon-Kultur in der Schweiz
Die Schweiz in der Mittelbronzezeit
Die Schweiz in der Spätbronzezeit
Dinosaurier von A bis K. Von Abelisaurus bis zu Kritosaurus
Dinosaurier von L bis Z. Von Labocania bis zu Zupaysaurus
Der rätselhafte Spinosaurus. Leben und Werk des Forschers Ernst Stromer von Reichenbach
Eiszeitliche Geparde in Deutschland
Eiszeitliche Leoparden in Deutschland
Frauen im Weltall
Hildegard von Bingen. Die deutsche Prophetin
Höhlenlöwen. Raubkatzen im Eiszeitalter
Julchen Blasius. Die Räuberbraut des Schinderhannes
Johann Jakob Kaup. Der große Naturforscher aus Darmstadt
Königinnen der Lüfte
Königinnen der Lüfte in Deutschland
Königinnen der Lüfte in Europa
Königinnen der Lüfte in Frankreich
Königinnen der Lüfte in England und Australien

Königinnen der Lüfte in Amerika
Königinnen der Lüfte von A bis Z
Königinnen des Tanzes
Malende Superfrauen
Meine Worte sind wie die Sterne Die Entstehung der Rede des Häuptlings Seattle (zusammen mit Sonja Probst, verheiratete Werner)
Monstern auf der Spur. Wie die Sagen über Drachen, Riesen und Einhörner entstanden
Neues vom Ur-Rhein. Interview mit dem Geologen und Paläontologen Dr. Jens Sommer
Österreich in der Frühbronzezeit
Österreich in der Mittelbronzezeit
Österreich in der Spätbronzezeit
Pompadour und Dubarry. Die Mätressen von Louis XV.
Raub-Dinosaurier von A bis Z. Mit Zeichnungen von Dmitry Bogdanav und Nobu Tamura
Rekorde der Urmenschen. Erfindungen, Kunst und Religion
Rekorde der Urzeit. Landschaften, Pflanzen und Tiere
Säbelzahnkatzen. Von Machairodus bis zu Smilodon
Säbelzahntiger am Ur-Rhein. Machairodus und Paramachairodus
Superfrauen aus dem Wilden Westen
Superfrauen 1 – Geschichte
Superfrauen 2 – Religion
Superfrauen 3 – Politik
Superfrauen 4 – Wirtschaft und Verkehr
Superfrauen 5 – Wissenschaft
Superfrauen 6 – Medizin
Superfrauen 7 – Film und Theater
Superfrauen 8 – Literatur
Superfrauen 9 – Malerei und Fotografie

Superfrauen 10 – Musik und Tanz
Superfrauen 11 – Feminismus und Familie
Superfrauen 12 – Sport
Superfrauen 13 – Mode und Kosmetik
Superfrauen 14 – Medien und Astrologie
Tony und Bruno Werntgen. Zwei Leben für die Luftfahrt (zusammen mit Paul Wirtz)
Was ist ein Menhir? Interview mit dem Mainzer Archäologen Dr. Detert Zylmann
Wer ist der kleinste Dinosaurier? Interviews mit dem Wissenschaftsautor Ernst Probst
Wer war der Stammvater der Insekten? Interview mit dem Stuttgarter Biologen und Paläontologen Dr. Günther Bechly
6000 Jahre Kastel. Von der Steinzeit bis zum 21. Jahrhundert
5000 Jahre Kostheim. Von der Steinzeit bis zum 21. Jahrhundert
Kastel in der Vorzeit. Von der Jungsteinzeit bis Christi Geburt
Kostheim in der Vorzeit. Von der Jungsteinzeit bis Christi Geburt
Wiesbaden in der Steinzeit
Anno 1.000.000. Deutschland in der älteren Altsteinzeit
Das Protoacheuléen. Eine Kulturstufe der Altsteinzeit vor etwa 1,2 Millionen bis 600.000 Jahren
Das Altacheuléen. Eine Kulturstufe der Altsteinzeit vor etwa 600.000 bis 350.000 Jahren
Das Jungacheuléen. Eine Kulturstufe der Altsteinzeit vor etwa 350.000 bis 150.000 Jahren
Das Spätacheuléen. Eine Kulturstufe der Altsteinzeit vor etwa 150.000 bis 100.000 Jahren
Die Lanze von Lehringen. Der Jahrhundertfund aus der Altsteinzeit

Das Moustérien. Die große Zeit der Neanderthaler
Das Aurignacien. Eine Kulturstufe der Altsteinzeit vor etwa 40.000 bis 31.000 Jahren
Das Gravettien. Eine Kulturstufe der Altsteinzeit vor etwa 35.000 bis 24.000 Jahren
Das Magdalénien. Eine Kultustufe der Altsteinzeit vor etwa 18.000 bis 12.000 Jahren
Die Hamburger Kultur. Eine Kulturstufe der Altsteinzeit vor etwa 15.700 bis 14.200 Jahren
Die Federmesser-Gruppe. Eine Kulturstufe der Altsteinzeit vor etwa 14.000 bis 12.800 Jahren
Das Steinzeit-Grab von Bonn-Oberkassel. Ein rätselhafter Fund aus der Zeit der Federmesser-Gruppen
Die Ahrensburger Kultur. Eine Kulturstufe der Altsteinzeit vor etwa 12.700 bis 11.650 Jahren
Die Altsteinzeit in Österreich. Jäger und Sammler vor 250.000 bis 10.000 Jahren
Das Jungacheuléen in Österreich
Das Moustérien in Österreich
Das Aurignacien in Österreich
Das Gravettien in Österreich
Das Magdalénien in Österreich
Das Magdalénien in der Schweiz
Die Mittelsteinzeit
Deutschland in der Mittelsteinzeit
Die Mittelsteinzeit in Baden-Württemberg
Die Mittelsteinzeit in Bayern
Die Mittelsteinzeit in Rheinland-Pfalz
Die Mittelsteinzeit in Hessen
Die Mittelsteinzeit in Nordrhein-Westfalen
Die Mittelsteinzeit in Niedersachsen

Die Mittelsteinzeit in Thüringen, Sachsen-Anhalt, Sachsen und im südlichen Brandenburg
Die Mittelsteinzeit in Schleswig-Holstein, Mecklenburg und im nördlichen Brandenburg
Die Jungsteinzeit. Eine Periode der Steinzeit vor etwa 5.500 bis 2.300 v. Chr.
Die ersten Bauern in Deutschland. Die Linienbandkeramische Kultur (5.500 bis 4.900 v. Chr.)
Die Ertebölle-Ellerbek-Kultur. Eine Kultur der Jungsteinzeit vor etwa 5.000 bis 4.300 v. Chr.
Die Stichbandkeramik. Eine Kultur der Jungsteinzeit vor etwa 4.900 bis 4.500 v. Chr.
Die Oberlauterbacher Gruppe. Eine Kulturstufe der Jungsteinzeit vor etwa 4.900 bis 4.500 v. Chr.
Die Hinkelstein-Gruppe. Eine Kulturstufe der Jungsteinzeit vor etwa 4.900 bis 4.800 v. Chr.
Die Rössener Kultur. Eine Kultur der Jungsteinzeit vor etwa 4.600 bis 4.300 v. Chr.
Die Kupferzeit. Wie die ersten Metalle in Mitteleuropa bekannt wurden
Die Michelsberger Kultur. Eine Kultur der Jungsteinzeit vor etwa 4.300 bis 3.500 v. Chr.
Das Rätsel der Großsteingräber. Die nordwestdeutsche Trichterbecher-Kultur vor etwa 4.300 bis 3.000 v. Chr.
Die Baalberger Kultur. Eine Kultur der Jungsteinzeit vor etwa 4.300 bis 3.700 v. Chr.
Pfahlbauten in Süddeutschland. Dörfer der Jungsteinzeit und Bronzezeit an Seen, Mooren und Flüssen
Die Altheimer Kultur / Die Pollinger Gruppe. Zwei Kulturen der Jungsteinzeit vor etwa 3.900 bis 3.500 v. Chr.
Die Salzmünder Kultur. Eine Kultur der Jungsteinzeit vor etwa 3.700 bis 3.200 v. Chr.

Die Chamer Gruppe. Eine Kulturstufe der Jungsteinzeit vor etwa 3.500 bis 2.800 v. Chr.
Die Wartberg-Kultur. Eine Kultur der Jungsteinzeit vor etwa 3.500 bis 2.800 v. Chr.
Die Walternienburg-Bernburger Kultur. Eine Kultur der Jungsteinzeit vor etwa 3.200 bis 2.800 v. Chr.
Die Kugelamphoren-Kultur. Eine Kultur der Jungsteinzeit vor etwa 3.100 bis 2.700 v. Chr.
Die Schnurkeramischen Kulturen. Kulturen der Jungsteinzeit von etwa 2.800 bis 2.400 v. Chr.
Die Einzelgrab-Kultur. Eine Kultur der Jungsteinzeit vor etwa 2.800 bis 2.300 v. Chr.
Die Schönfelder Kultur. Eine Kultur der Jungsteinzeit vor etwa 2.800 bis 2.200 v. Chr.
Die Glockenbecher-Kultur. Eine Kultur der Jungsteinzeit vor etwa 2.500 bis 2.200 v. Chr.
Die ersten Bauern in Österreich. Die Linienbandkeramische Kultur vor etwa 5.500 bis 4.900 v. Chr.
Die Lengyel-Kultur in Österreich. Eine Kultur der Jungsteinzeit vor etwa 4.900 bis 4.400 v. Chr.
Die Mondsee-Gruppe. Eine Kulturstufe der Jungsteinzeit vor etwa 3.700 bis 2.900 v. Chr.
Die Badener Kultur in Österreich. Eine Kultur der Jungsteinzeit vor etwa 3.600 bis 2.900 v. Chr.
Die ersten Pfahlbauten in der Schweiz. Die Anfänge der Pfahlbauforschung und die Egolzwiler Kultur
Die Cortaillod-Kultur. Eine Kultur der Jungsteinzeit vor etwa 4.000 bis 3.500 v. Chr.
Die Pfyner Kultur in der Schweiz. Eine Kultur der Jungsteinzeit vor etwa 4.000 bis 3.500 v. Chr.
Die Horgener Kultur in der Schweiz. Eine Kultur der Jungsteinzeit vor etwa 3.500 bis 2.800 v. Chr.

Die Schnurkeramiker in der Schweiz. Eine Kultur der Jungsteinzeit vor etwa 2.800 bis 2.400 v. Chr.

www.ingramcontent.com/pod-product-compliance
Lightning Source LLC
Chambersburg PA
CBHW070822220526
45466CB00002B/743